花漾盛開
韓式裱花
裝飾蛋糕

邱盈瑄——著

U0021594

Flower Bloom

Cake3 ✿ 六吋蛋糕

工具

Tools

工具介紹

❶ 擠花袋：在挑選擠花袋時可以挑選較厚的材質，因為在擠花過程中較用力時也不容易變形。

❷ 刮板：用來整理擠花袋中的奶油，將奶油集中始用。

❶ 攪拌碗：用來分裝調色奶油，可以準備多幾個攪拌碗，因為一個顏色就需要單獨的一個攪拌碗。

❷ 奶油刮刀：因為每次取出來使用的奶油量不是很多，因此刮刀小一些會比較方便操作。

❶ 花釘：花釘的尺寸可以根據花的大小做替換。

❷ 花釘座：在擠花過程中需要暫停整理花嘴 添加奶油 或是休息時可以先暫時將花釘放在花釘座上。

❸ 花剪：用來取下花釘上的花或是組裝蛋糕時擺花使用。

❶ 花嘴：根據不同形狀的花嘴，擠出不同型態的花瓣。

❷ 轉接環：轉接環可以用來固定花嘴在擠花袋中的位置，也可以方便隨時替換不同的花嘴使用。

❶ 蛋糕轉盤：抹面和組裝蛋糕時使用。

❷ 抹面刮刀：蛋糕抹面使用。

❶ 托盤：在製作一些需要冷凍使用的花型時，可以統一放在托盤上放入冰箱。

❷ 操作板：用來擺放擠好的花。

❶ 牙籤：調色食用來沾取色膏使用。

❷ 色膏：調配奶油顏色使用。

花嘴介紹

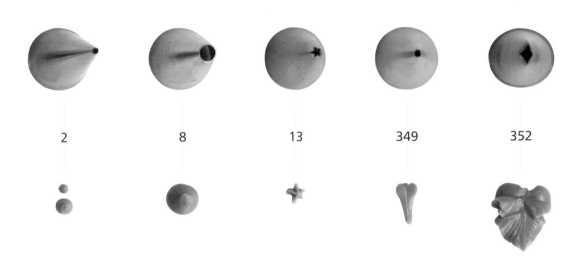

| 2 | 8 | 13 | 349 | 352 |

2 | **圓形花嘴**：通常用來製作花心，或是製作覆盆子，黑莓等小果子。

8 | **圓形花嘴**：可以來製作花苞或是藍莓這種圓球狀的物體。

13 | **星形花嘴**：可以用來製作花心或是藍莓的頭也是使用星形花嘴製作。

349 | **葉子花嘴**：因為尺寸很小，可以用來擠很小片的葉子，但我們最常使用它用來製作菊花。

352 | **葉子花嘴**：在擠的過程中前後或左右抖動，可以製作出葉脈的樣子。

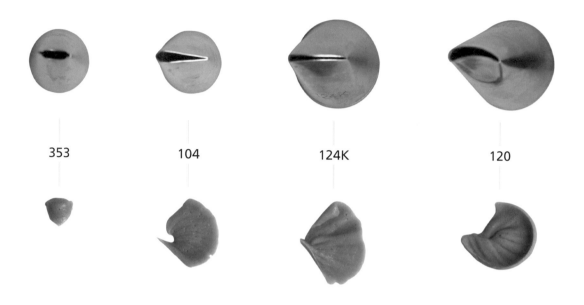

353 104 124K 120

353 ┃ 葉子花嘴：用來製作寒丁子。

104 ┃ 水滴花嘴：和102,103相同，可以擠
出片狀的花瓣，幾乎所有的花都可以
用它來製作。

124K ┃ 直線花嘴：和125K相同，花嘴非
常的薄，所以可以出非常薄透的花
瓣，通常用來製作花瓣比較大，且
薄的花，例如：英式玫瑰。

120 ┃ 弧形花嘴：和61、121、122、
wilton 123相同，都是屬於弧形的花
嘴，可以用來擠花瓣比較內包或是彎
曲的花。

花嘴小技巧

✖ 工具

鑷子、尖嘴鉗

大家應該都會發生一些情況是，按照教學的書本上買來了花嘴，可是怎麼擠都好像不太一樣？

最常見的可能是擠出來的花瓣很厚，或是花瓣的邊緣鋸齒狀很明顯，其實只需要稍稍調整你的花嘴就可以了。

方法 1 擠出薄透的花瓣

如果你想要擠出薄透的花瓣，可以使用尖嘴鉗在花嘴屁股的部分夾扁。

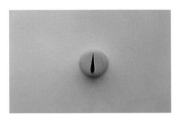

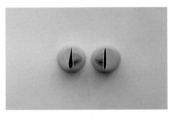

左邊為市售花嘴，右邊為夾扁過的花嘴。

左邊為未調整的花嘴擠出的花瓣，右邊使用調整過的花嘴擠出薄透的花瓣。

方法 2 擠出邊緣平滑花瓣

如果擠出來花瓣的邊緣鋸齒狀很明顯，那麼可以使用鑷子將花嘴尖端扳開。

這邊要注意的是小心左手因為要扳開的力道很大，左手要做好防護小心不要被刮傷。

左邊為市售花嘴，右邊為夾扁過的花嘴。

左邊為未調整的花嘴擠出的花瓣出現鋸齒狀，右邊使用調整過的花嘴擠出花瓣邊緣平滑的花瓣。

色彩

Color

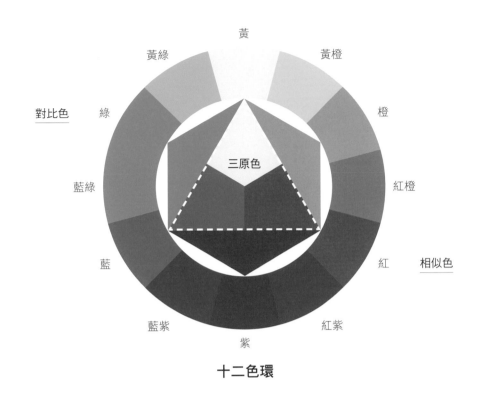

十二色環

三原色

　　三原色,從色彩原理來看,三原色分別是紅色、黃色、藍色,基本上如果有這三種顏色的色素,那麼幾乎所有想要的顏色都可以調得出來了,我們先簡單說明十二色相環的產生。

　　從三原色出發,黃色和藍色混合可產生綠色,黃色和紅色混合可產生橘色,藍色和紅色混合則變成了紫色,第一次混色後我們一共擁有了黃、橘、紅、紫、藍、綠這六色,再將這六色鄰近的兩色相混產生的中間色便是十二色環了。

十二色

對比色

　　十二色環中相對的兩個顏色稱為對比色或互補色,例如紅色的對比色就是綠色,黃色的對比色就是紫色。

相似色

　　十二色環中和左右兩個顏色的組合稱為相似色,例如紅色和鄰近的紅橙色和紅紫色為相近色。

色階

現在使用奶油霜來實際操作看看，首先準備三原色的色膏並將奶油逐一染色。

用先前的十二色環原理我們依序可以得到如右圖的結果。

這樣一來就得到了十二種不同顏色的奶油霜了，我們可以從這十二種奶油霜開始做彩度上的變化，以藍紫色為例：

將彩度降低我們可以加上白色或是黑色，每次加的量不同我們就可以得到數種深淺不一的藍紫色，這種方法可以套用在不同的顏色種，如此一來顏色的變化便是千千萬萬種了。

彩度低　　　　　　　　　　　　　　　　彩度高

調色介紹

這裏介紹常用的色膏，在這本書中所使用的皆是Wilton色膏，當然大家也可以根據自己的習慣使用不同廠牌的色膏，不過因為每間廠牌顏色多少會有些許差異，所以調出來不會完全一樣，但自己都可以做調整。

檸檬黃
（Lemon Yellow）

金黃色
（Golden Yellow）

紅色
（Red）

玫瑰色
（Rose）

勃根地
（Burgundy）

黃綠色
（Kelly Green）

杜松子綠
（Juniper Green）

紫羅蘭
（Violet）

天空藍
（Sky blue）

皇家藍
（Royal blue）

咖啡
（Brown）

黑
（Black）

> **Tips**
>
> 部分色膏直接使用時，調出來的顏色會有很重的螢光感，所以不建議直接使用，最簡單的調色方法為，如果是暖色調，例如黃色、紅色系，我們可加入一些咖啡色，而若是冷色調，如藍色，我們就可使用紫色來降低螢光感；或是也可以使用對比色來降低彩度，降低彩度也可以使螢光感消失。

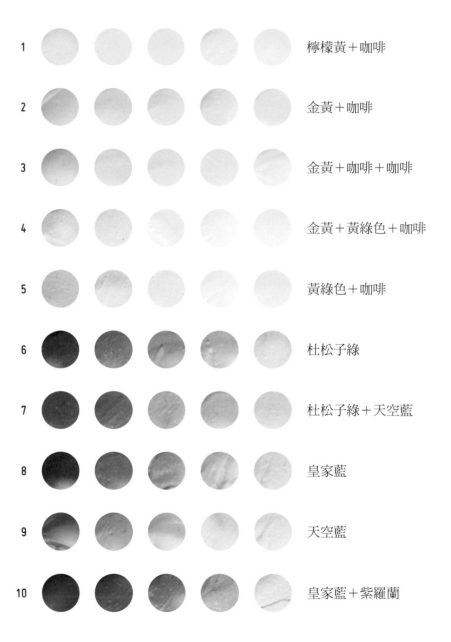

1   檸檬黃＋咖啡

2   金黃＋咖啡

3   金黃＋咖啡＋咖啡

4   金黃＋黃綠色＋咖啡

5   黃綠色＋咖啡

6   杜松子綠

7   杜松子綠＋天空藍

8   皇家藍

9   天空藍

10   皇家藍＋紫羅蘭

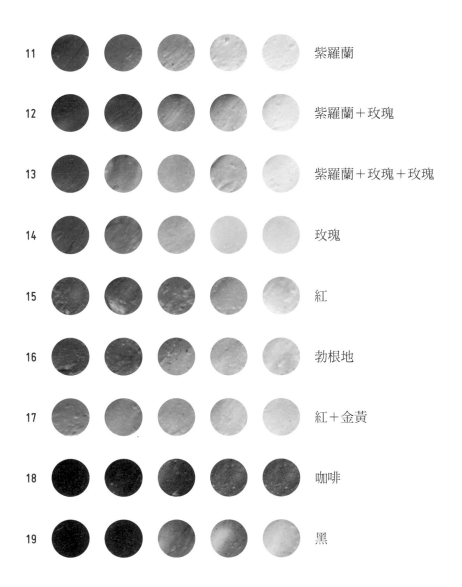

11　　　　　　　　　　　　　紫羅蘭

12　　　　　　　　　　　　　紫羅蘭＋玫瑰

13　　　　　　　　　　　　　紫羅蘭＋玫瑰＋玫瑰

14　　　　　　　　　　　　　玫瑰

15　　　　　　　　　　　　　紅

16　　　　　　　　　　　　　勃根地

17　　　　　　　　　　　　　紅＋金黃

18　　　　　　　　　　　　　咖啡

19　　　　　　　　　　　　　黑

配方

Butter
Cream & Cake

奶油調配

奶油混合均勻
擠出花瓣為純色。

奶油混合不均勻
擠出花瓣為混色。

奶油兩色分明的擺放
將擺放在底部顏色的奶油
擠出來後，接續在後面的
奶油擠出來便會在花瓣頂
端有分明的線條。

透明奶油霜配方

- 無鹽奶油450克
- 蛋白4個
- 糖210克
- 水50克

STEP 1 將蛋白打至粗泡後，分3次倒入60克砂糖，並打至硬性發泡。

STEP 2 同時在小鍋內放入剩餘的150克砂糖和50克水，小火煮至120度。

STEP 3 將步驟二的糖水倒入步驟一的蛋白霜內，並再次打至硬性發泡。

STEP 4 將蛋白霜放入冰箱使其冷卻；待蛋白霜冷卻後，將冷藏的奶油切片。

STEP 5 奶油不需回溫，全數丟入冷卻的蛋白霜攪拌缸中（要使用冷藏的奶油）。

STEP 6 全速打發至器壁上水分感基本消失。

義式奶油霜配方

  材 料

- 無鹽奶油 450 克（常溫備用）
- 糖150克
- 蛋白5個
- 水50克

STEP 1 將蛋白打至7-8分發備用。

STEP 2 打蛋白的同時，將水及糖混合放入單柄鍋中加熱。

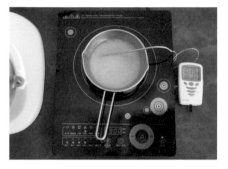

STEP 3 當糖水溫度上升至120度時，沿著鍋邊且緩慢倒入步驟一的蛋白霜，此時攪拌機可調整至中低速。

STEP 4 糖水全部加入完畢後，開啟全速打至硬性發泡，同時在旁邊使用電風扇同步降溫。

STEP 5 當溫度降低至26度左右時將切片奶油逐一加至攪拌缸中。

STEP 6 全部奶油加入完畢後開啟高速持續攪拌，攪拌至奶油及蛋白霜混合均勻，並且呈現蓬鬆變白的狀態即可使用。

杯子蛋糕體

胡蘿蔔蛋糕
此配方比例可製作6-8顆直徑7cm的杯子蛋糕。
或1顆6吋的圓形蛋糕。

 材 料

- 食用油100克
- 黃糖90克
- 蛋2個
- 鹽1克
- 肉桂粉2克
- 泡打粉1克
- 低筋麵粉　100克
- 胡蘿蔔切碎 少許
- 堅果 依個人喜好
- 蘭姆酒 少許

 STEP 1 蛋、黃糖、鹽、食用油，倒入鋼盆中混合攪勻。

 STEP 2 低筋麵粉、泡打粉、肉桂粉混合過篩，加入鋼盆中。

STEP 3 輕輕而迅速的攪勻。（攪拌到麵粉稍微還能看見一點的程度）接著放入堅果類、蔓越莓、胡蘿蔔和萊姆酒的混合物，輕輕攪勻。

― Tips ―
攪拌到看不到麵粉即可。

STEP 4 把步驟三的麵粉倒入鋪過烘培紙的蛋糕模裡，把蛋糕模在桌上摔兩次（趕出氣泡）。

STEP 5 在烤箱裡以170度烤25-30分鐘。

― Tips ―
每個烤箱溫度有落差，請以實際使用的烤箱為準。

STEP 6 用牙籤刺蛋糕中部，拔出來的時候沒有沾麵即可。

― Tips ―
烤成的蛋糕不要馬上拿出來，在烤箱的餘熱中再放置一小時，口感會更好。

基礎技巧

Basic Skill

擠花預備動作

花嘴朝11點鐘方向傾斜。

花嘴朝12點鐘方向傾斜。

花嘴朝1點鐘方向傾斜。

花嘴朝2點鐘方向傾斜。

擠花技巧

花心

花心的製作也可以有些變化，這邊我們會介紹常見的三種。

花心 1　使用花嘴2

製作方式：向上拉。

• Tips •

可以使用同樣形狀不同尺寸的圓形花嘴，即可做出不同大小變化的花心。

花心 2　使用花嘴2

製作方式：花嘴和底部留一點距離擠出圓圓的點點。

花心 3　使用花嘴23

製作方式：花嘴接觸底部，密集的將花心點在一起，不要拉太長。

• Tips •

只要是星型或者十字花嘴也可以做出相同效果的花心。

花柱

STEP 1　製作基座後，花嘴完全垂直插入基座。

STEP 2　開始施力擠出奶油，並且一邊向上拉。

STEP 3　向上拉超過基座頂端後，開始逆時針旋轉花釘。

STEP 4　旋轉大約1~2圈。

STEP 5　向下結束，向下過程中也需要確實的擠出奶油。

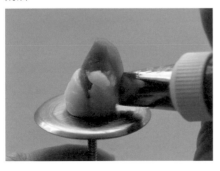

STEP 6　完成。

> **Tips**
> 花柱技巧在許多不同的花型中都會使用，可以利用不同形狀的花嘴來製作，依不同花型而定。

基礎葉子技巧

STEP 1 使用花嘴104號，於裱花紙上，花嘴呈45度擺放。

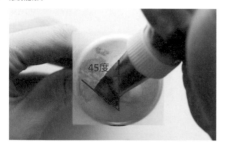

STEP 2 一邊擠一邊逆時針旋轉花釘。

STEP 3 直到花嘴口與葉脈呈直線，停止施力，花嘴輕輕往前拉。

STEP 4 將花嘴垂直立起。

STEP 5 邊擠邊往下拉，完成右半部。

STEP 6 成品。

> **Tips**
>
> 葉子技巧重要，會運用在很多花瓣的製作上，如：大理花、水仙花。

自然型葉子

 STEP 1 使用花嘴104號，於裱花紙上，花嘴呈45度擺放。

STEP 2 擠時需前後抖動製造波浪狀，並一邊逆時針旋轉花釘。

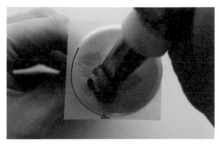

STEP 3 直到花嘴口與葉脈呈直線，停止施力，花嘴輕輕往前拉。

STEP 4 將花嘴垂直立起。

STEP 5 一樣前後抖動邊往下拉，完成右半部。

STEP 6 成品。

配花

Color

黑　莓

Blackberry

花語：堅韌、愛的思念

✂ 工具

花嘴2號

STEP 1 使用花嘴2號，製作1.5公分高底座。（圖1）

STEP 2 離底座0.5公分處開始，由下往上擠出點狀圓球。（圖2）

STEP 3 圓球需橢圓扁狀且粒粒分明，球與球間不可有空隙。（圖3、4）

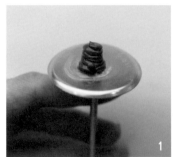

完成！

● Tips ●

圓球需橢圓扁狀且粒粒分明，球與球間不可有空隙。

紅果金絲桃（火龍果）

St.John's wort

花語：迷信

✕ 工 具

花嘴8號
花嘴352號

STEP 1 製作0.5公分基座。（圖1）

STEP 2 使用花嘴8號，擠出橢圓狀圓球。（圖2）

STEP 3 使用花嘴352號，於底部擠出兩片葉子。（圖3、4）

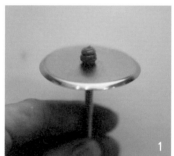
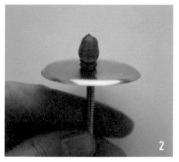

完成！

Tips

使用紅果金絲桃來裝飾蛋糕時，將多個果子群聚在一起擺放會比單一顆擺放來的生動

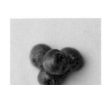

藍　莓

Blueberry

花語：幸福感

 STEP 1 使用花嘴8號，於花釘上擠出圓球。（圖1）

 STEP 2 使用花嘴23號，輕輕的戳入圓球後，擠一下後退出。（圖2、3）

1

2

3

完成！

- Tips -

使用23號花嘴時戳進去前要確定花嘴完全乾淨。

雪 果
Snowberry

花語：隨時奉獻自我

✂ 工具
花嘴6號
花嘴0號

 STEP 1　使用花嘴6號，於花釘上擠出圓球。（圖1）

 STEP 2　將1-8顆圓球堆疊在一起。（圖2）

註：因雪果是群聚性的果實，故無限制果實的數量。

 STEP 3　使用花嘴0號，於每顆圓球上點上一點。（圖3、4）

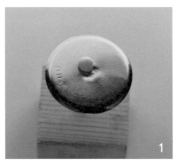

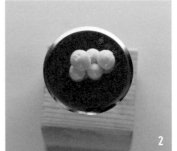

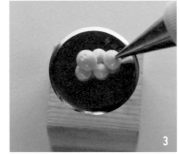

完成！

• Tips •
果實堆疊時不要過於整齊，大小也可以不同。

38

葡萄風信子

Hyacinth

花語：永遠懷念

STEP 1　使用花嘴2號，於花釘上擠出兩顆圓球。

STEP 2　第三顆圓球擠在兩者中間。

註：圓球需排列一直線，且由兩側往內擠，中間最後擺放。

STEP 3　依序堆疊圓球。

STEP 4　使用花嘴0號，完成尖端處。

STEP 5　使用花嘴23號，白色於底端戳一下。

Tips

裝飾蛋糕時，可以直接擠在蛋糕上或是事先擠在裱花紙上冷凍後取下擺放。

1

2

3

4

5

6

完成！

杯子蛋糕

Cupcake

一個杯子蛋糕上一朵花。
選用的花朵可以是
藍盆花、大理花、玫瑰花、牡丹等
花型完整及大朵的花。

單一花

Single Style

藍盆花

Scabiosa

花語：不能實現的愛情

戀愛是盲目的，

戀人們瞧不見他們自己所幹的傻事。

STEP 1 使用花嘴349於杯子蛋糕邊緣處向外拉出一片長條狀的葉子。（圖1）

STEP 2 同上步驟，製作六到八片長條狀葉子。（圖2）

STEP 3 花嘴平躺製作第一片花瓣，在拉花瓣的過程中，前後抖動製造出波浪的樣子。（圖3、4）

STEP 4 第二片花瓣緊黏著第一片花瓣的尾端。（圖5）

STEP 5 同樣的方法完成一圈花瓣。（圖6）

STEP 6 第二層花瓣直接疊在第一層花瓣的正上方。（圖7）

STEP 7 使用2號花嘴，在中心1/3的區域內點上花心。（圖8）

STEP 8 使用264號花嘴，在花心和花瓣的交界處，隨意且不規則的點上小片的花瓣。（圖9）

完成！

┌ Tips ┐
1、在擠花瓣的同時左手一邊旋轉杯子蛋糕。
2、花嘴的底部需要緊貼在杯子蛋糕平面上，花瓣才不會跟著花嘴移動。

大理花

Dahlia

花語：移情別戀

當愛情小船被浪掀翻時，

讓我們友好地說聲再見。

🔧 工 具

花嘴349號
花嘴2號
花嘴264號
裱花紙
花嘴willton103

STEP 1 使用花嘴willton103花嘴，杯子蛋糕距離2公分處，用葉子技巧製作一片尖型的花瓣。（圖1、2）

STEP 2 第二片花瓣緊黏著第一片花瓣的尾端，完成一圈花瓣。（圖3）

STEP 3 第二層花瓣使用交錯的方式，疊在第一層花瓣正上方。（圖4）

STEP 4 使用花嘴349，製作一個約0.3公分高的小圓柱底座，由外往中心點拉出花心。（圖5、6）

STEP 5　順時針圍成圓蓋住圓形底座。（圖7）

STEP 6　製作3-4層花心，每層花心的花瓣應向外漸漸打開。（圖8、9）

STEP 7　在裱花紙上擠出一樣形狀的花瓣，冷凍起來備用。（圖10）

STEP 8　確定花瓣冷凍變硬後剝下，穿插加在花心的外層。（圖11）

• Tips •

1、在擠花瓣的同時左手一邊旋轉杯子蛋糕。

2、花嘴的底部需要緊貼在杯子蛋糕平面上，花瓣才不會跟著花嘴移動。

3、上層花瓣需先擠出至裱花紙上冷凍後再使用。

完成！

杯子蛋糕上的花是複合式的花朵，
單一種花重複出現，
可以是小雛菊、蘋果花、繡球花，
花朵聚集成簇，十分好看。

Ball-flower Style

基礎花球

小雛菊

Daisy

花語：永遠的快樂

忠誠的愛情充溢在我的心裡，

我無法估計自己享有的財富。

工 具

花嘴willton102
花嘴1號
裱花紙

STEP 1
使用花嘴willton102，花嘴傾斜30度，離圓心上方1.5公分處，於裱花紙上由上往中心點拉出長條形花瓣。（圖1、2）

- Tips -
花瓣前端應為菱形狀。

STEP 2
第二片花瓣緊黏著第一片花瓣的尾端，無限定花瓣的數量，完成一圈花瓣。（圖3、4）

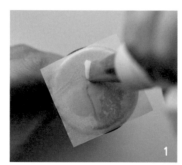

STEP 3 使用花嘴1號，在正中心0.5公分的範圍內點上花心。（圖5）

STEP 4 成品，放進冷凍庫備用。（圖6）

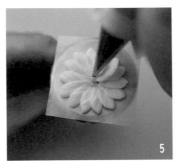

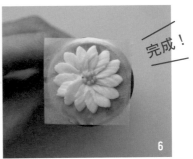

完成！

- Tips -

1、花心不要過大，注意整體比例。

2、一個杯子蛋糕約使用6～8朵小雛菊，視花朵大小調整數量。

蘋果花

Apple Blossom

花語：陷阱

閃光的東西，並不都是金子，

動聽的語言，並不都是好話。

工 具

花嘴willton103
花嘴1號
裱花紙

STEP 1 使用花嘴willton103，花嘴底部對準圓心，於裱花紙上擠出第一片花瓣。（圖1）

STEP 2 第二片花瓣緊黏著第一片花瓣的尾端，需平均分配五片花瓣的大小。（圖2）

STEP 3 最後一片花瓣收尾時需輕輕抬起，壓在第一片花瓣的上方。（圖3）

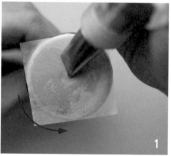

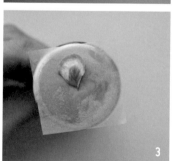

STEP 4 使用花嘴1號，於中心點上3-5點花心。（圖4）

STEP 5 成品，放進冷凍庫備用。（圖5）

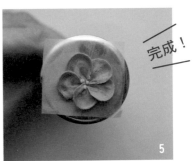

完成！

Tips

1、製作花瓣時右手只負責推出去和拉回來，花瓣弧度是透過左手花釘轉出來的。

2、一個杯子蛋糕約使用9～10朵蘋果花，視花朵大小調整數量。

除了花朵外，搭配其他的配花，
例如果實或是其他小型或球狀的花朵，
讓小小的杯子蛋糕上擁有的花朵
色彩更加繽紛、種類也更加豐富。

複合花球

Round bouquet Style

水 仙
Narcissus

🔧 工 具
花嘴102號
花嘴1號

花語：思念
起先的冷淡，
將會使以後的戀愛更加熱烈。

STEP 1 使用花嘴102，製作一個漏斗狀的碗型底座。（圖1）

STEP 2 在底座外側擠出三個支撐用的支架。（圖2、3）

STEP 3 用葉子技巧平均擠出三片花瓣。（圖4、5）

STEP 4 第二層三片花瓣與第一層花瓣交錯。（圖6）

STEP 5 使用花嘴102，在中心擠出環狀圓筒。（圖7）

STEP 6 使用花嘴1號，擠出長條花心。（圖8）

完成！

- Tips -

1、環狀圓筒在收尾時注意不要碰到其他部位。

2、想要製作不同大小的水仙花，也可以使用wilton 103或是wilton 104的花嘴。

蒼 蘭

Freesia

花語：純潔
真理不需色彩，
美麗不需塗飾。

✕ 工具
花嘴61號

STEP 1 使用花嘴61號，製作1公分高底座。（圖1）

STEP 2 花嘴直立向內傾斜，由下往上，由外往中心，三瓣包成一個密閉花心。（圖2）

STEP 3 第二層花辦，第二層花瓣，將花嘴呈12點鐘方向直立，完成三片花瓣。完成三片花瓣。（圖3）

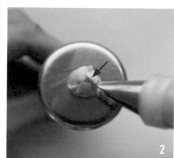

- Tips -
花瓣向上拉要結束時誤直接抽離，放開力氣後往下輕壓再離開，斷口會更漂亮。

STEP
4
第三層花瓣，花嘴向外傾斜，花瓣呈現綻放的樣子。（圖4）

STEP
5
成品。（圖5）

完成！

· Tips ·

若第一層花心未完全閉合，可當作較開的花形，中間可用1好花嘴點上3-5點花心。

金杖球

C r a s p e d i a   g l o b o s a

花語：希望

人心和岩石一樣，

也可以有被水滴穿的孔。

工 具

花嘴1號

STEP 1 使用花嘴1號，製作綠色圓柱基座約1.5cm高。（圖1）

STEP 2 離底座0.5公分處開始由下往上擠出點狀圓球

註：圓球與圓球間不需太密集，需留縫可看見綠色基座。（圖2、3）

STEP 3 成品。（圖4）

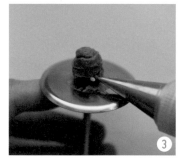

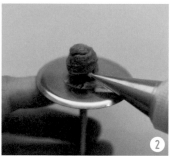

完成！

Tips

圓球與圓球間不需太密集，需留縫可看見綠色基座。

六吋
蛋糕

6-inch cake

六吋蛋糕蛋糕體較大，
可搭配的花型有
捧花型、花圈型、新月型，
每種花型各具特色，
蛋糕上的花朵盛開綻放與
真花相擬一點都不遜色。

捧花型

Bouquet Style

菊　花

Chrysanthemum

花語：清淨、高潔

⚒ 工　具

349號花嘴

 STEP 1 製作0.8cm直徑大小的基座。（圖1）

STEP 2 在基座正中間，花嘴朝下往上拉出一片花瓣，注意不要太高。（圖2）

STEP 3 在基座的外側，由外向中心製作一圈花瓣。（圖3）

STEP 4 不斷的重複向圓心拉花瓣，至少三層。（圖4）

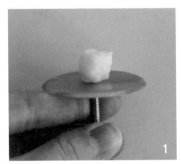

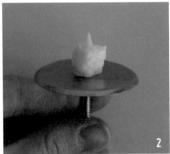

STEP 5 這層沿著外圍開始由下往上製作花瓣,花瓣直直地向上。(圖5)

STEP 6 花要呈現自然盛開狀,因此這一層花嘴向外傾斜,製作向外生長的花瓣,同樣規則,每一層傾斜角度越多,花越盛開。(圖6、7)

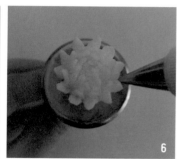

完成!

Tips

基座要是平的。從完成的花側面看,剛開始的幾圈,花瓣一層比一層高,且向內包,而後慢慢張開。

玫　瑰
Rose

花語：清淨、高潔

🔧 工　具

104號花嘴

 STEP 1 製作花心。（圖1）

STEP 2 開始製作第一層，花嘴完全垂直底部貼緊花釘。（圖2）

STEP 3 每一片花瓣從側面看都呈現拱門形狀，特別注意花瓣從一開始擠到結束都要確實的擠出奶油來，才能和基座結合在一起，花才會穩固。（圖3）

STEP 4 第一層完成三片花瓣，三片花瓣需要高過花心。（圖4）

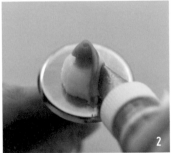

STEP 5 開始製作第二層，花嘴呈1點鐘方向，花瓣高度和第一層相同。（圖5）

STEP 6 依照第一層的製作方式，第二層一共5片花瓣，特別注意因為一層要塞下5瓣，所以每一片花瓣不要拉得太長。（圖6）

STEP 7 開始製作第三層，花嘴呈2點鐘方向。（圖7）

STEP 8 依照前面步驟製作方式，第三層一共7片花瓣。

STEP 9 最後一層可用3～5瓣將整朵花休圓做完結。（圖8）

完成！

Tips

雖然是基礎玫瑰，每層花瓣數量規則是3、5、7，但可以自行調整，原則是整朵花形狀看起來是圓的就好。

玫瑰花苞

 STEP 1　花嘴向內傾斜，從花柱的中間開始製作花瓣。

 STEP 2　製作三片花瓣並且高過花心。

STEP 3　使用120號花嘴，調製綠色葉子顏色的奶油，花嘴口朝下垂直往上拉花瓣。

STEP 4　在外圈隨意拉三片花瓣，完成含苞待放的玫瑰。

 完成！

捧花型組裝

 STEP 1 先從最大顆的花開始擺放，若是從最小顆的花開始，擺到最後可能剩下小的空隙，卻只剩下大的花。

 STEP 2 先擺完外側，花和花之間不要有空隙。

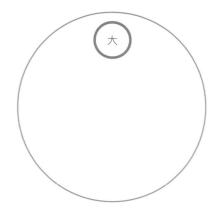

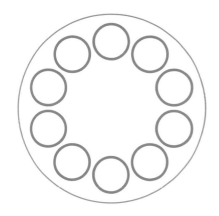

 STEP 3 中間填上奶油，將底部墊高在第一圈的內側，兩顆花的中間開始擺放第二層的花。

 STEP 4 按照上步驟，填完大多數的空間後，中間還是會存在一些小空隙，這時就可以使用小尺寸的花型或花苞、葉子來填補。

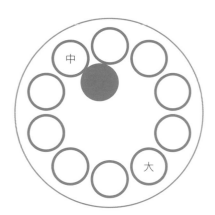

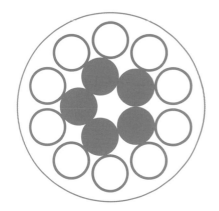

捧花型蛋糕組裝實例

 STEP 1 在距離蛋糕邊緣2cm處擠上一圈的奶油當作支撐。

 STEP 2 花臉傾斜朝外，向後靠在奶油上。

 STEP 3 先將最外側一圈擺滿。

 STEP 4 在兩顆花之間擺上第二層，擺放之前底下也先用奶油擠上台子作為支撐。

STEP 5 先盡量將中間的空隙填滿。

 STEP 6 使用剪刀將冷凍備用的葉子取下。

STEP 7 將葉子插在花和花之間的空隙。

 STEP 8 將所有蛋糕上的空隙用葉子和花苞補滿。

CAKE ONE
示範一

花 型

玫瑰花
玫瑰花苞

配 色

組 合

捧花型

組 合 說 明

　　這個組合範例中，花的種類只有一種，花的大小都差不多，顏色類型也很單一（粉紅色系），這時我們在擺放的時候可以注意不要將顏色一樣或相近的花放在一起，這樣視覺上才會有立體感。

CAKE TWO
示範二

花 型

牡丹
大理花
英式玫瑰
寒丁子

配 色

●
●
●

組 合

捧花型

組 合 說 明

捧花型的組合方式中，有一點常常被初學者忽略，大家往往看到有空位就一定要把花塞滿，但就和真花一樣，我們要讓花有呼吸的空間，適當的留空才讓花能更展現出生命力，而留空的部分就可以用綠葉，花苞填空。

這個組合範例中使用到了大理花，大理花在杯子蛋糕章節中的示範時是直接擠在蛋糕上的，如果要拿來做大蛋糕的組合，可以事先用大花釘擠在裱花紙上冷凍備用。

CAKE THREE
示範三

花 型

玫瑰花
菊花

配 色

○
○
○
○

組 合

捧花型

組 合 說 明

　　一樣是6吋捧花型的蛋糕組合，和前面兩種範例不同的地方是，花的大小不一，顏色也比較多元，不難看出這樣的組合比前面幾種更精緻了，所以大家在製作的時候可以盡量做出大大小小不同的花，就算花型只有兩種，也可以用不同的顏色和大小做出變化。

花圈型

花圈型的蛋糕組合變化是最豐富的，
像是節慶般可以將各式的花朵拼湊組合排列，
也可以只用配花來搭配，別有一番風味。

波斯菊
Cosmos

花語：純潔、永遠的快樂
事情沒有好壞之分，
只是看你的意願為何

⚒ 工 具

花嘴wilton103
花嘴13號
裱花紙

STEP 1　使用花嘴103號，並準備表花紙。（圖1）

STEP 2　和蘋果花瓣類似，但是稍微細長，且在製作花瓣的時候上下抖動。（圖2、3）

STEP 3　大約可製作7或8片花瓣。（圖4）

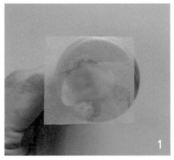

STEP 4 第一層完成後，選幾片底上第二層，增加立體感。（圖5）

STEP 5 同步驟4完成其餘4片花瓣。

STEP 6 使用黃色奶油13號星星花嘴，在中間擠出一個球狀的花心。（圖6）

STEP 7 用牙籤沾取咖啡色色膏，點在花瓣和花心之間。（圖7）

完成！

栀子花

Gardenia

花語：喜悅
美滿的愛情，使鬥士緊繃的
心情鬆弛下來

✕ 工 具

花嘴wilton104

STEP 1 使用花嘴104號，製作一個基座約1.5cm高。（圖1）

STEP 2 擠一個標準花心於上方。（圖2）

STEP 3 花嘴口呈11點鐘方向向內傾斜並貼緊基座，由上往下擠一片花瓣。（圖3）

STEP 4 同上步驟在同一圈製作6片花瓣。（圖4）

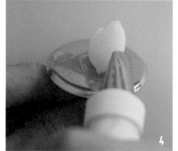

STEP 5 使用葉子技巧以花柱為支撐,製作花瓣。(圖5)

STEP 6 同上步驟製作3片花瓣。(圖6)

STEP 7 在錶花紙上使用葉子技巧擠出一片花瓣,冷凍備用(一共6片)。(圖7)

STEP 8 將冷凍變硬的花瓣取下,和Step6一起組裝。(圖8)

5

6

7

完成!

8

牡丹花

Peony

花語：圓滿、富貴

忠誠的愛情充溢在我的心裡，

我無法估計自己享有的財富。

 工具

花嘴wilton123

STEP 1 使用花嘴123號，製作一個基座約1cm高並擠一個標準花心於上方。（圖1）

STEP 2 花嘴口呈11點鐘方向向內傾斜，並貼緊基座最上方，第一圈花瓣為三片，在擠花瓣時三片連續不斷開，右手動作連續三次上，下，左手同時旋轉花釘圖。（圖2）

STEP 3 同上步驟在同一圈製作五片花瓣。（圖3）

STEP 4 一直重複步驟四，直到達到想要的大小。（圖4、5）

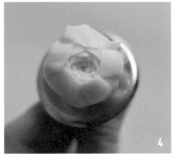

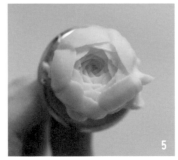

STEP 5 從整顆花的側面開始製作拱門形狀的花瓣。（圖6）

STEP 6 一圈大約5～6片花瓣。（圖7）

STEP 7 可以製作1～2圈。（圖8）

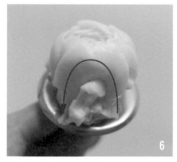
6

7

8

完成！

Tips

每一層都要比前一層高且中間的洞要越來越大。

蠟　梅
Plum blossom

花語：堅強、忠貞、高雅

愛情就像是生長在懸崖上的一朵花，

想要摘就必需要有勇氣。

　工 具

花嘴2號
花嘴wilton595
花嘴0號

STEP 1 使用花嘴2號，製作一個基座約5mm高，8-10mm直徑的基座，中間中空。（圖1）

STEP 2 在基座外圍擠上均勻分布的5根支撐基柱。（圖2）

STEP 3 使用花嘴wlton 59s，沿著中空基座的邊緣開始。（圖3）

STEP 4 倒V的動作擠出第一片花瓣。（圖4）

● Tips ●

這時左手一定要同時旋轉花釘，花瓣才會圓喔！

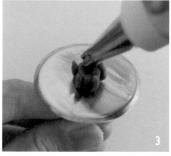

STEP 5 同步驟4完成其餘4片花瓣。（圖5）

STEP 6 用綠色奶油2號花嘴在中開的基座中擠上一根花心。（圖6）

STEP 7 使用花嘴0號，黃色奶油在花瓣根部向上拉出黃色的花蕊。（圖7）

完成！

花圈型組裝

 STEP 1 先想好花圈的寬度。

 STEP 2 第一顆花放在最外側。

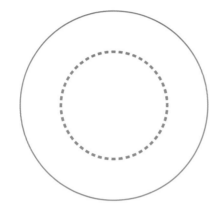

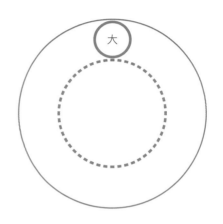

STEP 3 三顆為一組的方式,在預設的寬度中擺放。

STEP 4 按照上述規則放完後,我們可預留比較漂亮或是想當主角的花,正面朝上疊放在空隙較大或顯眼處。

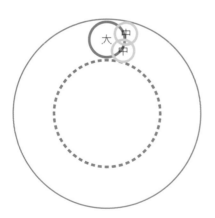

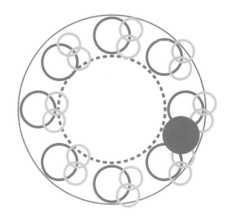

花圈型蛋糕組裝實例

STEP 1 在距離蛋糕邊緣2cm處擠上一圈的奶油當作支撐。

STEP 2 花臉傾斜朝外,向後靠在奶油上。

STEP 3 三顆花為一組互相靠在一起。

STEP 4 沿著蛋糕邊緣放上數組的花,這邊示範的時候我們要將群聚性的小花放在一起,所以也事先擠上厚一點的台子。

STEP 5 將小花組裝上去,這邊需要注意的是,花圈的寬度都要是一致的,擺放花時要時刻注意位子是否有超過。

STEP 6 組和組之間的空隙可以向上疊上最想做為主花的主角，並且把剩餘空間都填上。

STEP 7 將葉子插在花和花之間的空隙。

STEP 8 將所有蛋糕上的空隙用葉子和花苞補滿。

完成！

CAKE ONE
示範一

花 型	配 色	組 合
牡丹		花圈型
梔子花		
蠟梅		

組 合 說 明

　　花圈可以說是最熱門的一種組裝方式了，他可以工整可以奔放，花可以多也可以少，最大遵守的原則僅僅只有圓圈對稱而已，也就是整體的圈圈寬度要一樣，不要看起來一邊胖一邊瘦。

CAKE TWO
示範二

花 型

玫瑰花
菊花
波斯菊
蠟梅

配 色

組 合

花圈型

組 合 說 明

　　要做出自然的花圈，最重要的是配花，小面積的花越多花圈會看起來越活潑可愛。

新月型

新月型的蛋糕裝飾組合就像是牛角麵包一般，
中間最高的地方通常是視覺的主角，
兩側可以搭配配花或是葉子裝飾。

英式玫瑰

English Rose

✖ 工具

花嘴124K

STEP 1 製作一個和花釘差不多大小的基座。（圖1）

STEP 2 使用花嘴124K，花嘴垂直輕輕的插在基座中。（圖2）

STEP 3 在上方拉出五個圈圈。（圖3）

STEP 4 第二層將第一層包圍，高度需稍微高於第一層。（圖4）

STEP 5 第三層同上。（圖5）

STEP 6 在星星中間有空洞的部分，直直的拉出幾片直立的花瓣隨性的填補。（圖6）

STEP 7 外側花瓣沿著逆時針的方向，由左至右。（圖7）

STEP 8 花瓣呈現拱門狀，五瓣圍成一圈。（圖8）

STEP 9 外側花瓣至少需圍三圈。（圖9）

完成！

• Tips •

基座要夠厚，在移花時才不會散開。

繡球花

India Canna

花語：希望

繡球 1

 工具

花嘴103號

 STEP 1　使用花嘴103號，製作一個50元硬幣大小的基座。（圖1）

 STEP 2　使用基礎葉子技巧，依序製作四片葉子。（圖2～4）

完成！

繡球 2

🛠 工 具

花嘴wilton102

STEP 1 使用花嘴102號，製作一個球型基座，基座大小形狀按照自己最後想要完成的繡球花形狀來製作。（圖1）

STEP 2 由外向內擠出一個菱形狀的花瓣。（圖2）

STEP 3 一樣的方法沿著箭頭的方向製作另外三片花瓣，繡球花以四片為一小組。（圖3）

STEP 4 將上述步驟的花用一樣的方式填滿整個基座。（圖4）

完成！

寒丁子
Bouvardia

花語：交際、熱忱

✕ 工具

花嘴353號
花嘴2號

STEP 1 使用花嘴353號，寒丁子可以直接擠在蛋糕上或是預先擠在裱花紙上放入冷凍庫備用。（圖1）

STEP 2 花嘴朝下由中心向外擠出一片花瓣。（圖2）

STEP 3 一樣的方式擠出對稱的四片花瓣。（圖3）

STEP 4 使用2號花嘴在中心點上一顆花心。（圖4）

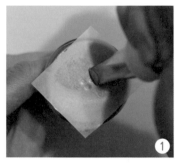

完成！

新月型組裝

STEP 1 先預想好一個新月形的空間，像一個牛角麵包一樣。

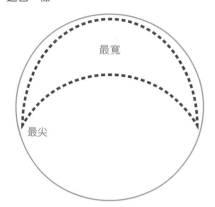

STEP 2 將最大顆或是不喜歡的花放在新月寬度最厚的輪廓兩側，中小型的花放在最尖端。

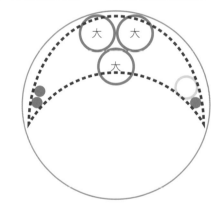

STEP 3 在此外填上奶油墊高。

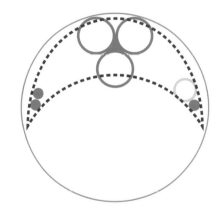

STEP 4 往上疊一顆花或數顆漂亮的花（此外為最高點），以目前的擺放當作定位點，慢慢將虛線裡的空間填滿，掌握的原則是中間最高後，兩側最低最窄。

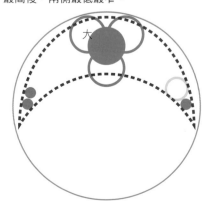

STEP 5 最末端外，可用葉子或藤蔓類的小物件收尾，製造出尖尖的樣子。

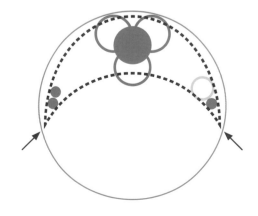

新月型蛋糕組裝實例

 STEP 1 在蛋糕上擠一個C形的奶油區域，並距離蛋糕邊緣1.5公分。

STEP 2 首先我們會定位，把大致上的輪廓給標出來，新月型的組合就像是牛角麵包一樣，中間寬兩側尖，中間最高，到了兩側高度最低，從外側開始擺放。

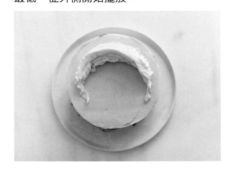

STEP 3 最厚的地方先標出來。

STEP 4 最高的地方也標出來。

STEP 5 接下來標出最低的兩個末端，只是做大概的定位，後面都可再移動。

STEP 6 以表出來的定位點為準，在虛線的輪廓中填滿花。

只需要注意一個原則就是中間寬高，尾短最矮且尖。

 將葉子插在花和花之間的空隙。

 將所有蛋糕上的空隙用葉子和花苞補滿。

CAKE ONE
示範一

花 型	配 色	組 合
牡丹		新月型
蠟梅		
玫瑰		
繡球		

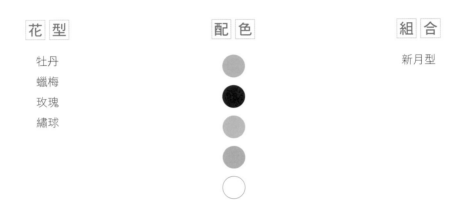

組 合 說 明

　　在擺放所有的花之前先在腦中佈局，事先想好這顆蛋糕的主視覺要使用哪一朵花，那麼那朵花就可以放到最後再擺放，因為這樣才不會被其他的花給蓋住。

CAKE TWO
示範二

花 型

玫瑰
菊花
蘋果花
含苞玫瑰

配 色

組 合

新月型

組 合 說 明

　　上一個新月型的蛋糕範例是標準的擺放，每朵花的大小和位子都是很規矩的放在界線內，形狀也很對稱(就像一顆牛角麵包)，那麼這個組合範例就稍微的有了一些變化，花臉的面向不一定都是對稱朝外，也沒有所謂的主視覺花型，用葉子做出來延伸來表現新月型的尾巴，整體偏向古典風格。

CAKE THREE
示範三

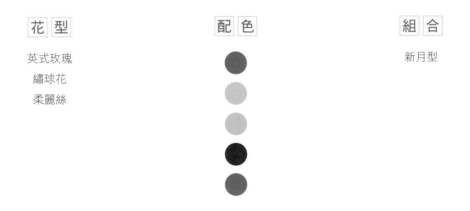

花 型

英式玫瑰
繡球花
柔麗絲

配 色

組 合

新月型

組 合 說 明

　　剛開始在做組合的時候,最多人提出的問題就是我的花到底要預備多少朵才
夠呢,其實這個沒有一定的答案,根據每一朵花的大小和形狀都可以做出不同的組
合.這一個新月型的蛋糕範例我們可以看到其實整體使用的花量並沒有很多,當你
覺得花的數量不夠時,可以在擺放的時候不要做太多的堆疊,空隙大的地方就用葉
子去補強,而新月型的尾巴就可以用葉子或是一些小配花去做延伸。

2AB851

花漾韓風：韓式裱花裝飾蛋糕

作　　者　　印蓉萱
繪　　圖　　曹春暉
特約美編　　阿涼
封面設計　　無設計工作室

行銷企劃　　辛政遠
行銷專員　　楊惠潔
總編輯　　姚蜀芸
副社長　　黃錫鉉
總經理　　吳濱伶
發　行　人　　何飛鵬
出　　版　　城邦文化事業股份有限公司
　　　　　　創意市集

發　　行　　英屬蓋曼群島商家庭傳媒股份有限公司
　　　　　　城邦分公司
　　　　　　台北市民生東路二段141號B1
　　　　　　網址：www.cite.com.tw

香港發行所　　城邦（香港）出版集團有限公司
　　　　　　香港灣仔駱克道193號東超商業中心1樓
　　　　　　電話：(852) 25086231
　　　　　　傳真：(852) 25789337
　　　　　　E-mail：hkcite@biznetvigator.com

馬新發行所　　城邦（馬新）出版集團
　　　　　　Cite (M) Sdn Bhd
　　　　　　41, Jalan Radin Anum, Bandar Baru Sri Petaling,
　　　　　　57000 Kuala Lumpur,Malaysia.
　　　　　　Tel：(603) 90578822
　　　　　　Fax：(603) 90576622
　　　　　　Email：cite@cite.com.my

印　　刷　　凱林彩印股份有限公司
初版一刷　　2018 年（民107）4 月
定　　價　　380 元

國家圖書館出版品預行編目（CIP）資料

花漾韓風：韓式裱花裝飾蛋糕 / 印蓉萱著.
-- 初版 -- 臺北市：創意市集出版：
城邦文化發行，民107.04
面；　公分
ISBN 978-986-95985-5-2（平裝）

1.點心食譜

427.16　　　　　　　　　　107002236

◎版權聲明
本著作未經公司同意，不得以任何方
式重製、轉載、散布、變更全部或部份
內容。

◎商標聲明
本書中所提及國內外公司之產品、商
標名稱、網站畫面與圖片，其權利均屬
各該公司或作者所有，本書僅作介紹教
學之用，絕無侵權意圖，特此聲
明。

客戶服務中心
地址：10483 台北市中山區民生東路二段 141 號 B1
服務電話：(02) 2500-7718
　　　　　(02) 2500-7719
服務時間：週一至週五 9：30 ～ 18：00
24 小時傳真專線：(02) 2500-1990 ～ 3
E-mail：service@readingclub.com.tw

※ 詢問書籍問題前，請註明您所購買的書名及書
號，以及在哪一頁有
問題，以便我們能加快處理速度為您服務。
※ 我們的回答範圍，恕僅限書籍本身問題及內容
撰寫不清楚的地方，關
於軟體、硬體本身的問題及衍生的操作狀況，請向
原廠商洽詢處理。

廠商合作、作者投稿、讀者意見回饋，請至：
FB 粉絲團：http://www.facebook.com/InnoFair
E-mail 信箱：ifbook@hmg.com.tw